生命科学美绘本

大教授 小科普

细胞

[阿根廷]宝拉·波巴拉 / 著　　[阿根廷]巴勃罗·贝尔纳斯科尼 / 绘　　张 锋 / 译

U0359345

山东城市出版传媒集团·济南出版社

图书在版编目（CIP）数据

　　细胞 ／（阿根廷）宝拉·波巴拉著；（阿根廷）巴勃罗·贝尔纳斯科尼绘；
张锋译 . -- 济南：济南出版社, 2019.3
　　（大教授·小科普 . 生命科学）
　　ISBN 978-7-5488-3608-7

　　Ⅰ . ①细… Ⅱ . ①宝… ②巴… ③张… Ⅲ . ①细胞－少儿读物
Ⅳ . ① Q2-49

　　中国版本图书馆 CIP 数据核字 (2019) 第 040139 号

出 版 人	崔　刚
丛书策划	郭　锐　郑　敏
责任编辑	郑　敏　陈玉凤　侯建辉
装帧设计	刘　畅
出版发行	济南出版社
地　　址	山东省济南市二环南路 1 号
邮　　编	250002
电　　话	（0531）86131730
网　　址	www.jnpub.com
经　　销	各地新华书店
印　　刷	济南新先锋彩印有限公司
版　　次	2019 年 3 月第 1 版
印　　次	2019 年 3 月第 1 次印刷
成品尺寸	200mm×200mm　16 开
印　　张	2
字　　数	50 千
印　　数	1-6000 册
定　　价	64.00 元（全 4 册）

山东省著作权合同登记号：图字 15-2018-133 号
¿Querés saber qué son las células?
© 2004 Editorial Universitaria de Buenos Aires
The simplified Chinese translation rights arranged through Rightol Media
（本书中文简体版权经由锐拓传媒取得 Email:copyright@rightol.com）

法律维权 0531-82600329
（济南版图书，如有印装错误，可随时调换）

所有的动物和植物都是生物，都会出生、成长、变老……

你有没有想过，生物是由什么组成的呢？

植物是由什么组成的呢？我们看到的是叶子、茎和花朵。

动物又是由什么组成的呢？我们看到的是毛发、眼睛、牙齿，当然，还有骨头、皮肤等。

那么，叶子是由什么组成的？花朵呢？骨头呢？

我们呢？

我们人类是由什么组成的？

我们的大脑、皮肤、心脏又是由什么组成的呢？

就像房子可以用砖建成一样，所有生物都是由**细胞**组成的。

这怎么可能啊？所有的生物都是同一种材质？！

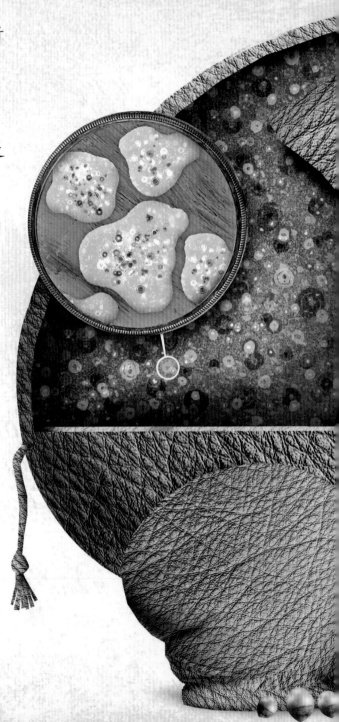

是的。砖可以建造不同样式的房子，
细胞也可以组成我们认识的所有植物、
动物。

身体的每一部分都是由不同的细胞组成的，它们可以组成心脏、大脑，或者植物的茎。

我们来看看吧，这些细胞的样子差别还真大呢！

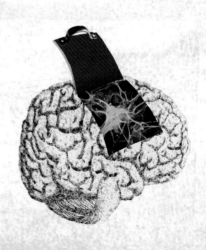

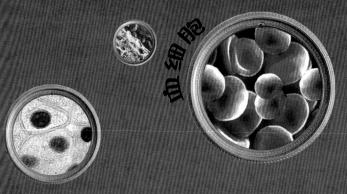

血细胞

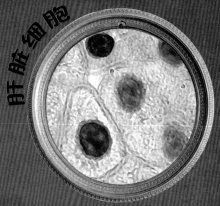

肝脏细胞

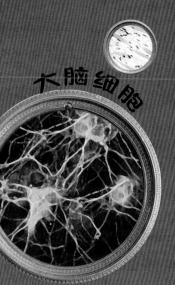

大脑细胞

200

种不同种类的细胞

皮肤细胞

　　由于细胞从事的工作不同，
每一组细胞都有各自不同的形状
和大小。

脂肪组织细胞

肌肉细胞

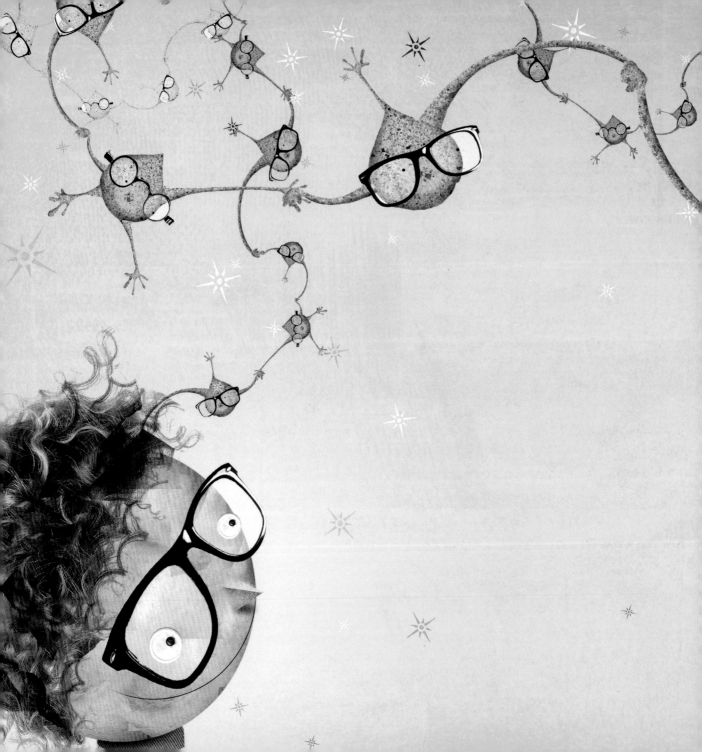

举例来说，**神经元**，它们是大脑细胞，有着星星的形状，方便它们相互连接。它们与身体的其他细胞共同工作。感谢它们的合作，当我们想动一动脚趾的时候，我们可以轻轻松松地做到。

红细胞是另外一种细胞，也称红血球，是血液中数量最多的一种血细胞，它们负责把氧气从肺部带到全身。这一组细胞让我们的血液呈红色。

　　红细胞非常小，呈圆形，有弹性。所以，红细胞可以随血液流畅地通过狭窄的血管（就像汽车高速通过狭窄的隧道）。

但是，我们根本看不到细胞啊！它们到底有多大呢？

虽然细胞大小不同，但是，所有的细胞都相当小。举个例子吧，如果你把小拇指的指尖轻轻地放在桌子上，与桌子接触到的那一小块皮肤上面的细胞就有大约 12 700 个。

如果我们把一个细胞想象成汽车轮胎那么大，那么，12 700个细胞几乎可以覆盖一个足球场了！

那么，人体的皮肤一共有多少个细胞呢？

一百万个？一千万个？都不对！要比这个数字大得多！

等你长大以后，你的皮肤一共会有 2 400 000 000 多个细胞。

我们还是把细胞想象成汽车轮胎：2 400 000 000 个轮胎能将地球覆盖 113 次！

这只是皮肤细胞的数量，我们人类可不仅仅只有皮肤啊！

一头河马或者一只长颈鹿会有多少细胞呢？一只猫有多少细胞？一只鸽子呢？一只小蚂蚁呢？

每一种生物都是由数量不同、大小不一的细胞组成的。

　　一般来说，比我们人类体积大的动物，它们的细胞数量也比我们的多。同样的，比我们人类体积小的动物，它们的细胞数量自然也就比我们的少。有的生物，它们非常非常小，甚至只由一个细胞组成，比如，细菌、变形虫。

虽然细胞的个头非常小，但我们还是有办法看到它们。

想要看到细胞的样子，我们可以借助一种叫作**电子显微镜**的设备。

虽然每种细胞的形态不尽相同，但它们还是有一定的共性的。

我们可以假设一下，在一个工厂里面，有很多工人。他们从事不同的工作，但每个人都有两只手，都用脚走路，吃饭的方式也都一样，每个人都有一颗心脏、一个大脑。

细胞也是类似的情况：每种细胞都有不同的作用，但它们的内部都是类似的。

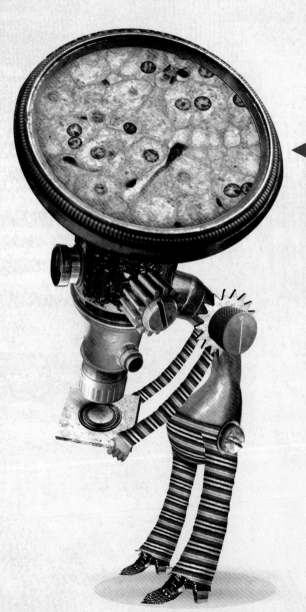

这里有一张**肝脏细胞**的图片。哦，东西太多了！真是一团糟！

在这张图片中，你可以好好看看动物细胞中最重要的部分。

细胞核：细胞的控制中心，是遗传物质的主要存在部位。

细胞器：细胞质中具有特定形态结构，使细胞能正常工作、运转的微器官。

细胞质：细胞质是细胞膜包围的除细胞核外的一切物质的总称，包括基质、细胞器和包含物。细胞质就像一碗浓汤。

细胞膜：把细胞其他的成分包裹起来，像屏障一样保护它们。细胞膜会根据细胞的需要，允许物质的出入。

所有的细胞内部结构都相同吗？

　　事实不是这样的。有一些细胞有更多的细胞器，有一些细胞没有细胞核。一般情况下，细胞的内部都是类似的。但是，植物细胞与动物细胞之间的差别还是很大的。

我们看看这张植物细胞的图片，并且与前一页的图片做个比较。厚实的边缘就是最大的差别！它的名字叫作**细胞壁**。

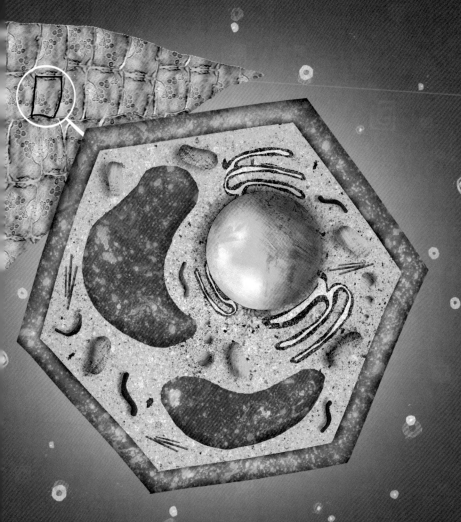

如果仔细观察这两张图片（有可能的话，可以用放大镜观察），你会发现它们之间有很多差别。

细胞是如何构成的呢？

不光是细胞，还有像石头、玻璃、金属等一切不能移动的物体，都是由叫作**原子**的非常小的成分组成的。

在细胞中，原子结合在一起，组成了一些名字非常奇怪的物质：

氨基酸
脂质
核苷酸
······

　　大多数细胞使用这些物质都可以完成自身的复制。以这样的方式，一个细胞变成两个细胞，两个细胞变成四个细胞，四个细胞变成八个细胞……一百万个细胞变成两百万个细胞！

　　在我们成长的过程中，细胞快速增生，我们会感觉衣服很快就变小了。

　　我们长大以后，细胞增生的速度就会变得很慢，我们就可以一直穿同一尺码的衣服，直到把衣服穿旧。

正是因为细胞核包含生命生存的相关信息，所以，细胞才可以做让我们维持生存的工作。

这些信息都在一种叫作 **DNA** 的物质里，这种物质的全称是：

脱氧
核糖
核酸

我们还是叫它 DNA 吧！

DNA 就像是一本书，书里面的文字只有细胞能看懂，但我们人类正在破译。为什么要破译？原因有很多。破译之后，我们就可以知道人类为什么会生病，也可以知道不同生物之间的区别。

　　细胞之间的相互合作是我们体魄健康的基础。有时候，细胞之间有矛盾了，我们便会生病。

　　其他的动物和植物也是一样的。

　　现在，你应该知道了，你和蟑螂都是由类似的细胞构成的，你会不会开始喜欢它了呢？

科学启蒙 从亲子阅读开始！

《大教授 小科普》与孩子们的小互动

生命科学

闭上眼睛想一想细胞或者 DNA 的样子，然后画出你想象中它们的模样吧。

宇宙科学

翻开书找到太阳系，画一幅太阳系图画吧，你也可以在太阳系中添加上你的想法哦。

动物科学

你发现了吗，动物科学的图画都是由剪纸组成的呢。拿起你的小剪刀，选几张好看的彩纸，你也剪贴一幅海洋或者草原的图画吧。

地质科学

这一套系的插图都是用黏土捏的呢，选一页你最爱的，用你手中的橡皮泥捏一捏吧。让我猜一猜，你捏的是不是火山？

生命科学美绘本

大教授 小科普
DNA

[阿根廷]宝拉·波巴拉 / 著　　[阿根廷]巴勃罗·贝尔纳斯科尼 / 绘　　张 锋 / 译

山东城市出版传媒集团·济南出版社

图书在版编目（CIP）数据

　　DNA ／（阿根廷）宝拉·波巴拉著；（阿根廷）巴勃罗·贝尔纳斯科尼绘；张锋译 . -- 济南：济南出版社，2019.3
　　（大教授·小科普 . 生命科学）
　　ISBN 978-7-5488-3608-7

　　Ⅰ . ①D… Ⅱ . ①宝… ②巴… ③张… Ⅲ . ①脱氧核糖核酸－少儿读物
Ⅳ . ① Q523-49

　　中国版本图书馆CIP数据核字（2019）第 040118 号

出 版 人	崔　刚
丛书策划	郭　锐　郑　敏
责任编辑	郑　敏　陈玉凤　侯建辉
装帧设计	刘　畅
出版发行	济南出版社
地　　址	山东省济南市二环南路 1 号
邮　　编	250002
电　　话	（0531）86131730
网　　址	www.jnpub.com
经　　销	各地新华书店
印　　刷	济南新先锋彩印有限公司
版　　次	2019 年 3 月第 1 版
印　　次	2019 年 3 月第 1 次印刷
成品尺寸	200mm×200mm　16 开
印　　张	2
字　　数	50 千
印　　数	1-6000 册
定　　价	64.00 元（全 4 册）

山东省著作权合同登记号：图字 15-2018-134 号

法律维权 0531-82600329
（济南版图书，如有印装错误，可随时调换）

　　每一年花开的时候，花儿看上去都与前一年没什么两样，它们的果实也很难看出有什么区别。那么，去年和今年的茉莉花或者苹果真的是完全一样，还是只是长得像而已？

　　当我们从电视上看到一群大象或者一群狮子，也会有类似的感受：我们会觉得它们是一模一样的。但是，真的是这样吗？

所有的动物都有相同点，也有能够让我们区别开的不同点。比方说，所有的动物都会走路，然而，你的腿和蜥蜴的腿却长得完全不同！但是，我们很难区别开生活在花园里的两条蚯蚓！

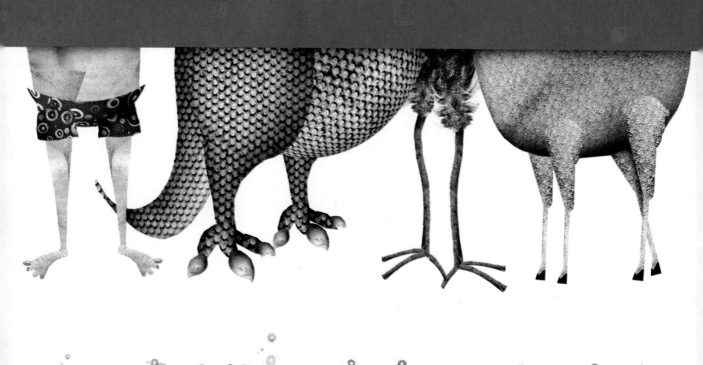

　　我们无法找到两个一模一样的人，就连双胞胎也不是完全一样的。萤火虫之间也会有区别，就连长在路边的苔藓也各不相同。

　　有些东西是我们用肉眼看不到的，它们藏在我们身体的每一处，就是它们让每个人都与众不同。你知道它们是什么吗？

所有的生物都是由很多大小不一、形状各异的细胞构成的。细胞与细胞相互协作，我们才可以生存。

在绝大多数的细胞内部，都有细胞核。在每个细胞核的内部，都有一种物质，它的名字非常复杂：

脱氧核糖核酸！

它就是鼎鼎大名的 DNA！

DNA 就像是一本书。这本书中记录了每种生物细胞所需要的信息。

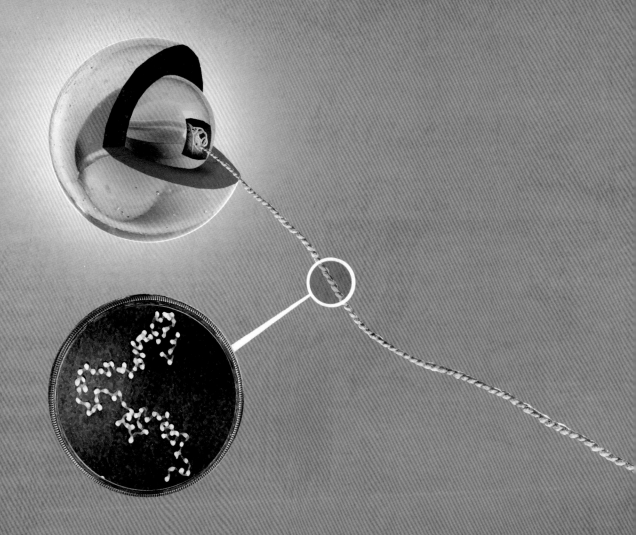

但是……细胞小到用肉眼都看不见。那么，DNA 又是如何做到在那么有限的空间里，保存那么多信息的呢？

这是完全可以做到的，因为 DNA 在细胞核内部呈一种奇特的螺旋结构。如果我们把一个人体细胞的 DNA 展开，它的长度可达 2 米。它可是比你还高呢！遗憾的是，DNA 太小了，我们根本就看不到。

当我们近距离观察毛线的时候，可以发现一根毛线是由多根更细的毛线相互缠绕而成。DNA跟毛线相似，是由两条盘旋的链向右螺旋盘绕而成。

两条链紧紧地缠绕在一起，好像是盘旋的楼梯，我们把这种结构叫作**双螺旋**。虽然看上去是楼梯的样子，但是，楼梯的台阶非常小，排列又紧密，我们可没办法攀爬。

你知道在人体的每一个细胞中，DNA 的双螺旋结构有多少级台阶吗？有 **3 000 000 000** 级台阶呢！如果我们把这些台阶想象成木制楼梯，3 000 000 000 级台阶，足够我们去月球两次呢！

DNA 的这两条链是由什么构成的？

是由四种物质构成的：A（腺嘌呤）、T（胸腺嘧啶）、C（胞嘧啶）和 G（鸟嘌呤）。这四种物质都是细胞语言的"字母"，并且在整个双螺旋结构中重复出现。它们始终都是成对排列，每种物质都有自己的小伙伴：A-T,T-A,C-G,G-C。它们总共可以组成四对，每一对组合都是 DNA 双螺旋结构中的台阶。

这四种成对有序排列的字母物质可以产生很多词语物质。

这些词语物质聚集在一起，又形成了语句物质。

每一组语句物质叫作**基因**。所有的基因在一起，又构成了**基因组**。

细胞语言不是一种由词语构成的语言，而是一种由物质构成的语言。

之后我们要讲到的，情况要复杂得多呢！

如果我们把 **DNA** 比作一本食谱大全，那么，每一个**基因**就是这本食谱大全中的配方。在每一个配方中，细胞可以"阅读"到如何制造生存必需的物质，这些物质叫作**蛋白质**。

由于蛋白质的数量和种类不同，每一种生物的外观、大小和生存方式也不同。

　　比方说，生活在水中的动物所需要的蛋白质就与生活在高山上的动物所需要的蛋白质不同，一棵植物所需要的蛋白质就与一头豪猪所需要的蛋白质不同。

　　每种生物的 DNA 上都有各自特殊的信息，就是这些特殊的信息基因，它们把不同的生物区别开来。

一只苍蝇的 DNA 大约包含 13 000 个基因。一只大猩猩的 DNA 会有多少基因呢?

　　其实，动物的大小与它们细胞 DNA 中的基因数量多少并没有关系。

　　人类的 DNA 大约有 30 000 个基因，大猩猩的基因数量和人类是差不多的。那么，老鼠呢? 它的基因数量只比人类少几百个。我们与老鼠的相似程度比我们想象中的要小得多!

我们都是相似的，但是，我们也是与众不同、独一无二的。

DNA 上不仅存在着可以区别动物与动物之间、植物与植物之间的信息，也存在着可以区别狮子与狮子之间、马与马之间、人与人之间的信息。不仅如此，DNA 上还有独属于你的信息！

　　你头发的颜色、眼睛的颜色、皮肤的颜色，还有你长大以后的身高，所有这样的信息都在你的 DNA 上。

爸爸妈妈在"制造"你的时候，两个特殊的、分别叫作**精子和卵子**的细胞便结合在一起，这两个细胞的 DNA 信息也自然而然地结合在一起了。爸爸妈妈在"制造"你的兄弟姐妹时，过程也是一样的。但是，精子和卵子的结合体可不是一样的。

因此，我们有的人更像妈妈，有的人更像爸爸，也有的人既像爸爸，又像妈妈。

但是也有例外，那些同卵双胞胎兄弟姐妹的 DNA 是完全相同的。

在某些特定的情况下，DNA的双螺旋结构会缠绕得更加紧密，在显微镜下，我们可以看到它们呈圆柱状或杆状，这种特殊结构叫作**染色体**。染色体的存在是因为我们在生长过程中，细胞一直在快速地复制。

每一种生物都有不同数量的染色体。人类有46条染色体，玉米有20条，猫有38条。

　　我们现在看到的图片就是人类的染色体。你会不会觉得这些染色体很像字母"✕"？

　　如果你仔细观察这两张图片，就会发现，有一条染色体是不同的。这一条染色体更小，很像字母"Y"！这条染色体叫作"**性染色体Y**"它会告诉我们，这是一个**男孩**。

　　细胞复制 DNA 的过程中也可能会发生错误。这些错误会导致细胞在 DNA 上"阅读"到错误的配方——细胞会"阅读"到与原基因不同的基因。

　　在复制 DNA 的过程中出现的这种错误，叫作**基因突变**。

　　有的基因突变是有益的，比如，可以让植物更耐虫。有一些不好的基因突变是可以被修正的。但是，有时候，基因突变会导致一些**遗传疾病**。

　　每一种生物都有不同的 **DNA** 信息，比较生物之间的 DNA 是非常有用的。

　　通过大量比较不同生物之间的 DNA，科学家们已经找到了动物与动物之间的联系，它们之间就像是一个有着很多表兄弟的大家庭。

如果是两个相同的物种，比方说，兄弟俩，通过对比 DNA，可以进行身份识别。科学家们通过这种对比，解决了很多犯罪问题。

人们利用这些对比方式，也可以了解到 DNA 上基因的突变，从而找到解决、改善健康状况的办法，减少遗传疾病患者的病痛。

科学家们也发现了使用遗传信息制造动物的方法，可以人工制造"双胞胎"，这种方法叫作**克隆**。

　　生物**克隆**就是通过完全复制一个生物的 **DNA** 来制造另一个生物。

但是这并不意味着两个拥有完全相同DNA的生物就是完全一样的。你每天所做的事情与你的 **DNA** 上所携带的信息同等重要。比方说，如果两个同卵双胞胎把头发染成不同的颜色，那么他们就不一样了；也许他们其中一个人喜欢吃薯条，而另外一个人更喜欢吃甜食。

　　不管是你喜欢做的事情，还是你不喜欢做的事情；不管是你记住的事情，还是你忘记的事情；不管是你跟爸爸妈妈讲的小秘密，还是你与全家人一起分享的经历，所有的这一切，都与你DNA上携带的信息一起，决定了你现在和你长大以后是什么样的人。

　　所有的一切都使你在这个世界上与众不同、独一无二！

科学启蒙 从亲子阅读开始！

《大教授 小科普》与孩子们的小互动

生命科学

闭上眼睛想一想细胞或者DNA的样子，然后画出你想象中它们的模样吧。

宇宙科学

翻开书找到太阳系，画一幅太阳系的图画吧，你也可以在太阳系中添加上你喜欢的东西。

动物科学

你发现了吗，动物科学的图画都是由剪纸组成的呢。拿起你的小剪刀，选几张好看的彩纸，你也剪贴一幅海洋或者草原的图画吧。

地质科学

这一套系的插图都是用黏土捏的呢，选一页你最爱的，用你手中的橡皮泥捏一捏吧。让我猜一猜，你捏的是不是火山？

生命科学美绘本

大教授 小科普

蛋白质

[阿根廷]宝拉·波巴拉 / 著　　[阿根廷]巴勃罗·贝尔纳斯科尼 / 绘　　张 锋 / 译

山东城市出版传媒集团·济南出版社

图书在版编目（CIP）数据

蛋白质 /（阿根廷）宝拉·波巴拉著；（阿根廷）巴勃罗·贝尔纳斯科尼绘；
张锋译. -- 济南：济南出版社，2019.3
（大教授·小科普. 生命科学）
ISBN 978-7-5488-3608-7

Ⅰ．①蛋… Ⅱ．①宝… ②巴… ③张… Ⅲ．①蛋白质—少儿读物
Ⅳ．① Q51-49

中国版本图书馆 CIP 数据核字（2019）第 040135 号

出 版 人	崔　刚
丛书策划	郭　锐　郑　敏
责任编辑	郑　敏　陈玉凤　侯建辉
装帧设计	刘　畅
出版发行	济南出版社
地　　址	山东省济南市二环南路 1 号
邮　　编	250002
电　　话	（0531）86131730
网　　址	www.jnpub.com
经　　销	各地新华书店
印　　刷	济南新先锋彩印有限公司
版　　次	2019 年 3 月第 1 版
印　　次	2019 年 3 月第 1 次印刷
成品尺寸	200mm×200mm　16 开
印　　张	2
字　　数	50 千
印　　数	1-6000 册
定　　价	64.00 元（全 4 册）

山东省著作权合同登记号：图字 15-2018-136 号
¿Querés saber que son las proteínas?
© 2004 Editorial Universitaria de Buenos Aires
The simplified Chinese translation rights arranged through Rightol Media
（本书中文简体版权经由锐拓传媒取得 Email:copyright@rightol.com）

法律维权 0531-82600329
（济南版图书，如有印装错误，可随时调换）

　　你应该听到过这样的话："你需要补充更多的蛋白质！""你得吃肉，肉富含蛋白质！"

　　大人们总是担心孩子们如果不吃蛋白质，就不会有健康的体魄。那么，什么是蛋白质呢？我们为什么要吃蛋白质？假如我不喜欢吃蛋白质怎么办？

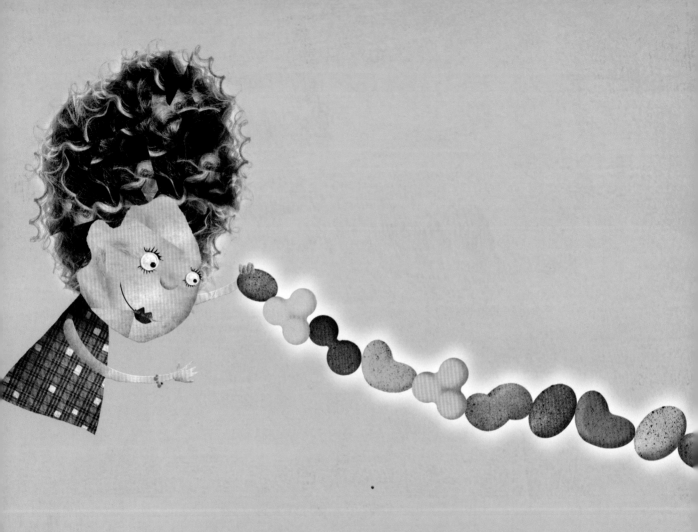

蛋白质是生命的物质基础，是生命活动的主要承担者。

蛋白质是什么样子的呢？

一个蛋白质就像是一串项链，项链上的每一颗珠子叫作氨基酸。组成生物体蛋白质的氨基酸约有20种，也就是说，有20种珠子，这20种珠子重复排列就构成了蛋白质。

在这 20 种氨基酸中，有一些人体自身无法合成或合成速度不能满足人体需要，所以我们需要通过进食植物蛋白和动物蛋白获取。这些氨基酸叫作**必需氨基酸**。

如果我们改变项链上珠子的排列顺序，就可以得到不同形状的项链。同理，如果我们改变了氨基酸的顺序，就会合成不同的蛋白质。

每一个氨基酸都是由非常小的元素构成的，这些非常小的元素叫作**原子**。

当原子聚集在一起构成物质时，会形成众多**分子**。也就是说，每一种氨基酸就是一种分子。

由于蛋白质是由大量的氨基酸构成的，或者说，由于蛋白质是由大量的分子构成的，所以，我们又可以把蛋白质叫作**宏观分子**，它的意思就是大分子。

　　由于合成一个蛋白质所需要的氨基酸的数量和种类不同，这个宏观分子的形式和大小就会不同。这就是**蛋白质结构**。

　　当所有的氨基酸聚集成它们理想的顺序后，它们还需要选择正确的结构。有时候，蛋白质自己可以完成这个选择，但是，如果这个蛋白质很大，并且很复杂，那么其他的蛋白质也会参与其中。

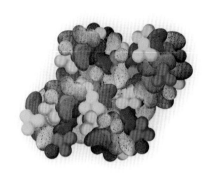  

　　这些珠形项链状的蛋白质**具有很多形式**，可以帮我们的身体实现很多非常特殊的功能。比方说，让我们看到各种各样的颜色，让我们在睡觉的时候做梦，让我们随意跑步，等等。

　　在我们的身体里，有成千上万种蛋白质。蛋白质的种类如此之多，科学家们在发现这些蛋白质的过程中，就把它们分成很多不同的家族。

蛋白质分类的一种根据是它们的结构，另一种根据是它们的作用：有的蛋白质可以运载其他的物质，有的蛋白质就好像是保护我们的屏障，有的蛋白质可以催化其他的蛋白质，还有的蛋白质可以向我们的大脑发送指令……**停！太多了！**

我们还是慢慢地了解吧。

　　载体蛋白主要负责把身体内的物质从一个地方

运输到另一个地方。比方说，我们血液中的**血红**

蛋白，它能够将空气中的氧气通过我们的肺，输

送到身体的各个细胞。

　　能够让我们的皮肤防水的蛋白质叫作角蛋白。它除了存在于我们的皮肤中，也是构成头发、指甲、角质和羽毛的蛋白质。在皮肤中，有两种极其坚固的蛋白质，它们是**胶原蛋白**和**弹性蛋白**。这三种蛋白质都属于**结构蛋白质家族**。

还有一些蛋白质就像警察管控交通一样，调节着其他的一些物质活动。这些蛋白质叫作**激素**。激素非常重要，如果一种激素没有完成自己的工作，其他所有的激素都会紊乱。

还有一种具有免疫功能的
蛋白质,我们把它们叫作抗体。
这种蛋白质会保护我们的身体,
如果我们生病了,这些蛋白质
会帮助我们尽快康复。

还有的蛋白质在我们运动的时候,
会伸缩我们的肌肉,这种蛋白质叫作收
缩蛋白质。就是这种蛋白质可以让鸟
儿在天上飞,可以让鱼儿在水中游,可
以让所有动物的心脏跳动,还可以实现
一些其他非常非常重要的机能。

蛋白质最大的家族是**加速蛋白质**。这种蛋白质的作用就是让身体运转正常，就像是钟表的各个零件，一环扣一环，不容耽搁。我们称它们为**酶**。酶主要分布在腹部，有促进食物消化、吸收和利用的作用。

还有一些蛋白质只会用在一些特殊的机能上，这些蛋白质叫作**特定蛋白质**，它们同样也是由一些特殊的细胞制造产生的。激素就属于这类蛋白质。

蛋白质是在哪里制造产生的呢?

就像房子是由一块一块的砖建造而成的一样,生物是由**细胞**构成的。身体的每一个部位都是由共同协作的大量细胞构成的。大多数细胞的其中一项工作就是合成蛋白质。

那么，细胞怎样知道自己要合成哪种蛋白质呢？

当需要某种蛋白质的时候，我们的身体就会发出信号。这个信号会提醒细胞：应该合成这种蛋白质了！

那么，细胞使用哪种氨基酸来合成这种蛋白质呢？

啊！这个就有点儿复杂了……

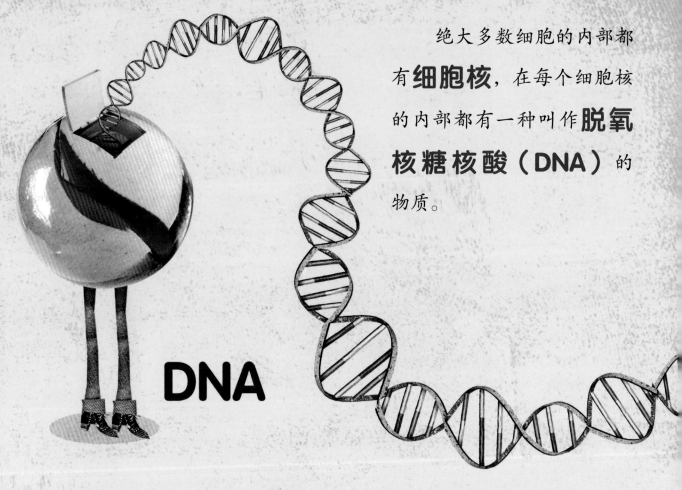

绝大多数细胞的内部都有**细胞核**，在每个细胞核的内部都有一种叫作**脱氧核糖核酸（DNA）**的物质。

DNA

DNA 这种物质可以让细胞"阅读"到需要的蛋白质信息，它就像是一本药典大全。指甲需要生长了吗？这要咨询一下某一部分的 DNA。需要防晒了吗？这要咨询一下另一部分的 DNA。DNA 上存在着每一个生物细胞需要的蛋白质的所有信息。

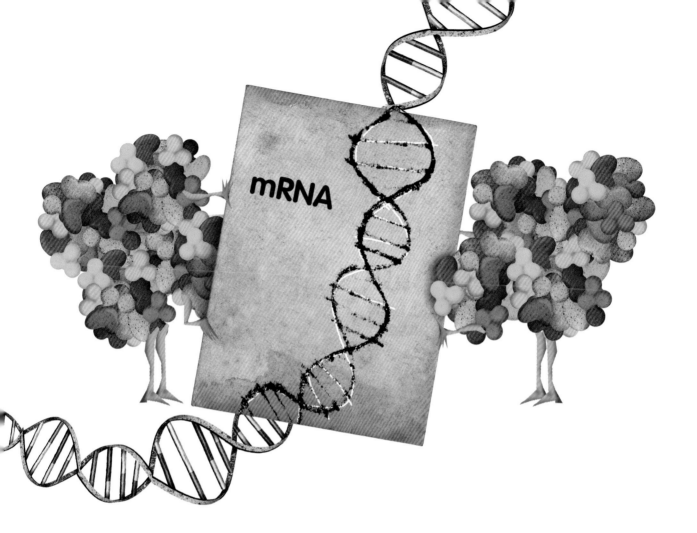

　　为了合成蛋白质，有一个"专门的团队"会制作一个模板来复制DNA 上指导蛋白质合成的编码信息，这个模板叫作**信使核糖核酸（mRNA）**。这个团队，反而是由蛋白质构成的！它们唯一的作用就是复制转录 DNA 的信息。

信使核糖核酸（mRNA）又是什么呢？

信使核糖核酸就是携带遗传信息，在蛋白质合成时充当模板的核糖核酸。就是它决定了珠形项链的排列顺序！

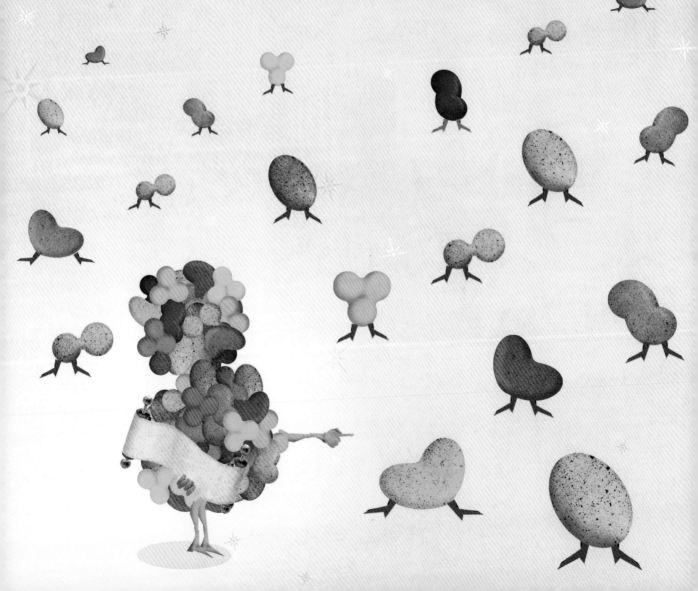

当 mRNA 转录完成后，转录信息需要被获取以开始合成蛋白质。转录信息的获取是由叫作**核糖体**的另外一组特殊的蛋白质团队完成的。

核糖体"读取" **mRNA**，把细胞里自由的氨基酸按照正确的顺序排列起来。之后，蛋白质独立或者在被帮助下选取正确的结构，然后……完成！

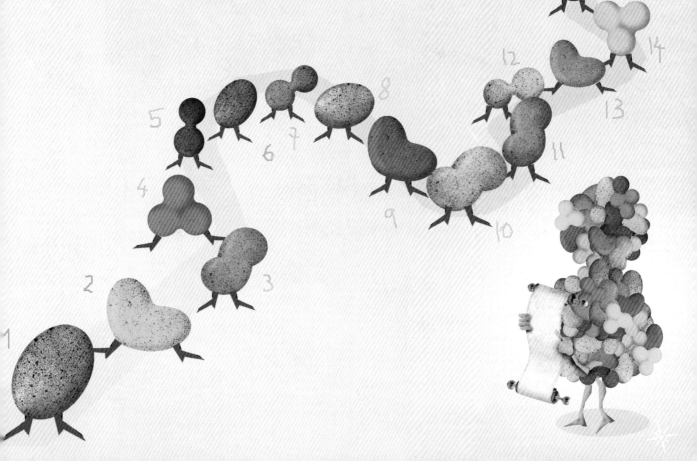

嗯，既然我们身体里面有那么多的蛋白质，我们为什么还要吃蛋白质呢？难道身体里面的蛋白质不够我们用吗？

确实是不够我们用的。跟机器会破旧一样，蛋白质也会被破坏，破坏了的蛋白质就会被丢弃。

　　每一种生物都需要使用属于自己的蛋白质，但这种蛋白质的合成又要用到其他生物蛋白质的氨基酸。这就好像我们从别人的"项链"上摘取一些"珠子"，再加上自己有的，来合成属于我们自己的"项链"一样。

　　所以，我们每天都需要进食其他含有必需氨基酸的食物。这些氨基酸是我们自己的身体无法制造或制造的速度不能满足身体需求的。

所以，我们没得选择：**只能进食蛋白质！**

富含蛋白质的食物：肉类、鱼类、大豆、扁豆、蛋清、奶、奶酪以及干果，如核桃、杏仁。

　　但是，进食蔬菜水果也非常重要，因为蔬菜水果是唯一可以制造所有氨基酸的食物！

　　好！一杯牛奶！一个鸡蛋！再来一份水果沙拉！

克

如果你也跟有些孩子一样，什么都不喜欢吃，那你要知道这句话：如果身体不能获取足量的蛋白质，你就不会健康地成长。

世界卫生组织建议，6-9岁的小朋友每天至少要进食25克的蛋白质。

25克蛋白质到底是多少呢？嗯……一小块肉排，或者5个肉包，或者两个半鸡蛋，或者100克硬奶酪，或者一整盘扁豆，或者200克核桃，或者2000克水果……

有太多太多的食物包含25克的蛋白质了！

现在你知道蛋白质都有什么作用了吧？！

最后，偷偷告诉你：蛋白质太小太小了，就算我们用显微镜也看不到！

但是，谁说那么小的蛋白质就不重要呢？

科学启蒙 从亲子阅读开始!

《大教授 小科普》与孩子们的小互动

生命科学

闭上眼睛想一想细胞或者 DNA 的样子,然后画出你想象中它们的模样吧。

宇宙科学

翻开书找到太阳系,画一幅太阳系的图画吧,你也可以在太阳系中添加上你喜欢的东西。

动物科学

你发现了吗,动物科学的图画都是由剪纸组成的呢。拿起你的小剪刀,选几张好看的彩纸,你也剪贴一幅海洋或者草原的图画吧。

地质科学

这一套系的插图都是用黏土捏的呢,选一页你最爱的,用你手中的橡皮泥捏一捏吧。让我猜一猜,你捏的是不是火山?

生命科学美绘本

大教授 小科普

维生素和矿物质

[阿根廷]宝拉·波巴拉 / 著　　[阿根廷]巴勃罗·贝尔纳斯科尼 / 绘　　张 锋 / 译

山东城市出版传媒集团·济南出版社

图书在版编目（CIP）数据

维生素和矿物质 / （阿根廷）宝拉·波巴拉著；（阿根廷）巴勃罗·贝尔纳斯科尼绘；张锋译 . -- 济南：济南出版社，2019.3
（大教授·小科普 . 生命科学）
ISBN 978-7-5488-3608-7

Ⅰ.①维… Ⅱ.①宝… ②巴… ③张… Ⅲ.①维生素－少儿读物②矿物质－少儿读物 Ⅳ.① R151.2-49

中国版本图书馆 CIP 数据核字 (2019) 第 040140 号

出 版 人	崔 刚
丛书策划	郭 锐 郑 敏
责任编辑	郑 敏 陈玉凤 侯建辉
装帧设计	刘 畅
出版发行	济南出版社
地 址	山东省济南市二环南路 1 号
邮 编	250002
电 话	（0531）86131730
网 址	www.jnpub.com
经 销	各地新华书店
印 刷	济南新先锋彩印有限公司
版 次	2019 年 3 月第 1 版
印 次	2019 年 3 月第 1 次印刷
成品尺寸	200mm×200mm 16 开
印 张	2
字 数	50 千
印 数	1-6000 册
定 价	64.00 元（全 4 册）

山东省著作权合同登记号：图字 15-2018-135 号
¿Querés saber qué son las vitaminas y minerales?
© 2004 Editorial Universitaria de Buenos Aires
The simplified Chinese translation rights arranged through Rightol Media
（本书中文简体版权经由锐拓传媒取得 Email:copyright@rightol.com）

法律维权 0531-82600329
（济南版图书，如有印装错误，可随时调换）

所有的生物都是由**细胞**构成的。由于细胞之间的协作，我们得以呼吸、思考、跑步、游泳、玩耍、吃饭、抗感染、睡觉、做梦……完成一切你能想到的活动。

为了让细胞和我们的身体处于良好的状态，我们需要做很多事情，其中一件重要的事情就是——

吃饭！

在食物中，存在大量不同的物质。

有的物质，我们可以用作"**燃料**"，它们可以瞬间让我们有力量。这种物质叫作**糖**。

还有的物质就像是**储存罐**：在没有糖的时候，给我们力量。这种物质，是我们熟知的**脂肪**，但是，科学家把它们叫作**脂类化合物**。

我们也会食用不同种类的**蛋白质**。被我们食用的蛋白质可以在我们体内合成新的蛋白质。蛋白质就像小工具一样，会让细胞运转起来。

纤维可以帮助我们把体内的垃圾排出。

当然，食物中还含有**维生素**和**矿物质**。这些物质就像是机器的润滑油：它们不会给我们力量，也不会让细胞运转起来，但是，当身体缺乏它们的时候，机能就开始变差。

　　那么，什么是**维生素**？什么是**矿物质**？它们一样吗？

　　不一样，而且它们是完全不同的两种物质。

　　唯一相同的是，每种维生素和矿物质都只需少量就足以让我们的身体保持健康的状态。

维生素是人和动物为维持正常的生理功能而必须从食物中获得的一类微量有机物质。这类物质我们的身体无法合成或合成的量不足，所以，我们需要吃含维生素的食物。

矿物质是构成石块和金属的元素。幸运的是，这些元素也存在于食物当中。烤肉肯定要比石头好吃啊！但是，我们可能会看到某种动物舔石块或者墙皮，因为这是它们获得所需矿物质的一种方式。

我们先来了解

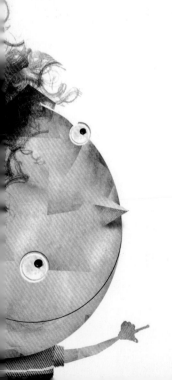

维生素！

一开始，维生素都是用字母命名的。

我们现在知道的维生素有：

·维生素 A，可以让我们在妈妈肚子里的时候和七八岁之前健康成长，可以让我们抗感染，可以让我们的器官保持健康，可以让我们在夜晚看得清晰，等等。

·B 族维生素（B1、B2、B3、B5、B6、B9 和 B12），可以让我们身体的每一个部位都充分利用食物中的物质。

·维生素 C，可以帮我们抵抗风寒和感染。维生素 C 与 B 族维生素一起，能保证我们充分利用食物中的物质。

·维生素 D，可以强壮我们的骨骼，有助于细胞生长，与其他维生素一起能形成抗感染的屏障。如果想要获得维生素 D，除了从食物中获取，还应该多晒太阳！因为，阳光照射在皮肤上，身体就会产生维生素 D。据研究显示，人体所需的维生素 D，其中有90%都需要依靠晒太阳而获得。

·维生素 E，可以保护我们的皮肤和肌肉，使皮肤保持光滑，没有皱纹。

·维生素 H，可以防止掉发，预防皮肤感染。此外，它还是脂肪和蛋白质正常代谢不可或缺的物质。

·维生素 K，当我们切到手指，或者划破皮肤的时候，维生素 K 可以促进血液凝固，使伤口快速愈合。

你也许会问，另外的那些字母去哪里了。随着时间的推移，科学家们已经不再使用字母来命名维生素了，而是用维生素的化学结构来命名。

维生素都存在于什么食物中？

维生素A、维生素D、维生素E、维生素K 主要存在于肉类、奶类和蛋类食物中。科学家把这些维生素叫作**脂溶性维生素**，油脂细胞中的脂类物质可以协助这些维生素的吸收。

B 族维生素、维生素 C 存在于蔬菜和水果中。我们把这些维生素叫作**水溶性维生素**，如果过量食用这些维生素，多余的维生素就会随小便排出。

所有生物都需要吸收同样、等量的维生素吗?

不是的。这要依据年龄、性别、健康与否，还要依据生活的地区、生物的种类，等等。一头小猪和一只袋鼠，或者一种食虫植物和攀缘植物所需要的维生素是不一样的。

世界卫生组织已经公布了人体所需的维生素和矿物质的含量。如果你感兴趣，可以上网搜一下相关信息。

生物需要大量用来维持生存的物质，其中绝大多数物质我们的身体能够生产。但是，仍然有一部分物质我们的身体无法生产制造，所以，我们需要通过食物获取。

　　如果缺乏维生素，我们的身体会面临很多问题。但是，过量补充维生素，我们的身体同样会产生很多问题！

　　如果过量补充维生素，沉积在身体内部的某些维生素会让我们产生健康方面的问题，因为它们都是脂溶性维生素：**维生素 A、维生素 D、维生素 E、维生素 K**。

　　最容易产生问题的是**维生素 A**。

如果我们不吃含有**维生素 A** 的食物，最严重的后果就是我们会失明。相反，如果我们的身体得到过多的维生素A，会导致我们头疼、骨骼变脆、脱发、变瘦、视力模糊不清。

但是，不用担心：只要不挑食，食量正常，就不会有危险！

现在，让我们来了解

矿物质！

我们需要矿物质，因为它们是我们身体内部产生的很多物质的重要组成部分。如果我们不进食矿物质，那么这些物质就不完整，无法完成它们的任务。矿物质就像自行车的链条，如果没有链条，我们还能正常骑行吗？

　　钙和**铁**是我们熟知的矿物质，我们可能还知道**钠、钾、镁、磷、锌**。事实上，还有很多很多的矿物质，只不过，这七种矿物质相对来说比较重要。

　　钙与**维生素 D** 一起工作，在很
多方面都起着非常重要的作用。例如：
可以强化我们的骨骼和牙齿；有助于
肌肉的运动和心脏的跳动，等等。

铁最重要的作用是构成一种叫作**血红蛋白**的
蛋白质，负责运输血液中的**氧**。因为铁元素的存在，
我们身体的每一部分都可以充分利用氧。

    钠和**钾**也都是基本的矿物质，与钙一样，也有助于心脏正常跳动，另外还有助于消化食物，并且可以使我们的大脑很好地支配身体的其他部位。

磷、镁、锌遍布全身，是骨骼、心脏、肾脏等器官的重要组成部分。

这些矿物质可以参与到细胞的绝大多数活动中，比方说，可以最大限度地利用我们食用的"燃料物质"的能量。

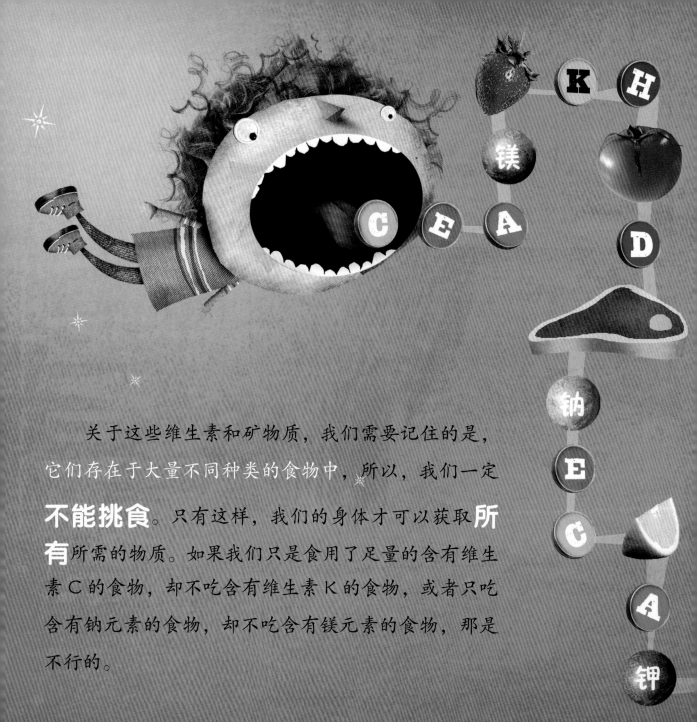

关于这些维生素和矿物质，我们需要记住的是，它们存在于大量不同种类的食物中，所以，我们一定**不能挑食**。只有这样，我们的身体才可以获取**所有**所需的物质。如果我们只是食用了足量的含有维生素 C 的食物，却不吃含有维生素 K 的食物，或者只吃含有钠元素的食物，却不吃含有镁元素的食物，那是不行的。

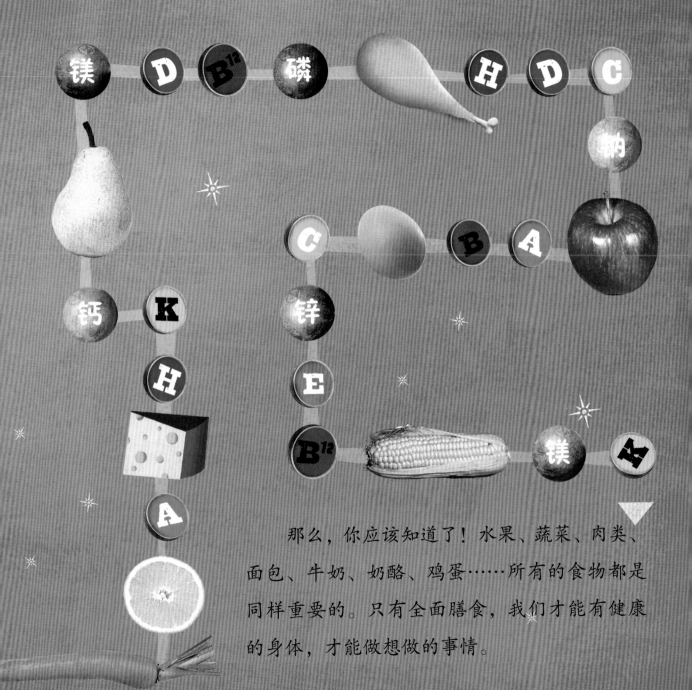

那么，你应该知道了！水果、蔬菜、肉类、面包、牛奶、奶酪、鸡蛋……所有的食物都是同样重要的。只有全面膳食，我们才能有健康的身体，才能做想做的事情。

　　对于那些无法从食物中获取足够的维生素和矿物质的人来说，可以食用**维生素补充物**。这些补充物可以是药片，也可以是液体，每一种都是包含不同的维生素和矿物质的化合物。人们可以有所选择地进行补充。例如，在北极地区出生的婴儿，应该补充维生素 D 和钙，强健骨骼，因为对于他们来说，晒太阳太难了！

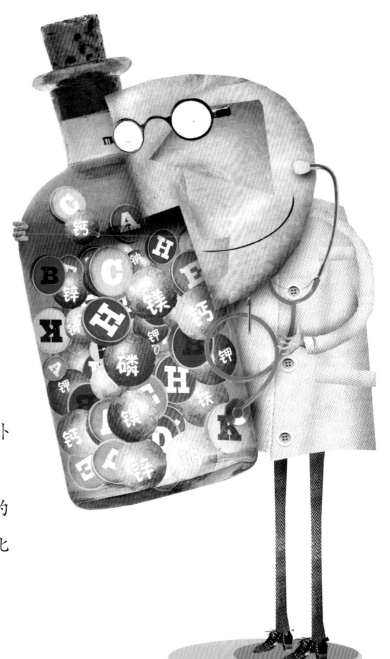

需要注意：维生素补充物要遵医嘱服用。

补充维生素和矿物质的最好办法就是食补，食补比药补好得多！

也许你看到过某个酸奶广告宣传**"富含钙和维生素D"**，也许某种写着**"富含维生素C"**的果汁、写着**"富含维生素和矿物质"**的可可粉会引起你的注意。罐装生产的食物，在生产过程中，其含有的维生素和矿物质往往会被破坏，特别是那些保质期很长的食物。所以，罐装食物都会人工添加维生素和矿物质。为了让我们知道维生素和矿物质都是人工添加的，生产厂家会在外包装上印有上面那样的广告语。

也许你的妈妈会使用含有维生素A、维生素E或者含有这两种维生素的护手霜、面霜、身体乳。这些维生素可以保持皮肤健康，减少皱纹。所以，在此类护肤产品的生产过程中，维生素A和维生素E会被人工添加进去。

我们的身体就像是一台机器，需要天天维护。

维护身体的一种方法是全面饮食和适量饮食。同时我们也需要做一些其他的事情，例如运动、睡觉、洗澡、拥抱等。只有这样，我们才会感觉到幸福！

科学启蒙 从亲子阅读开始！

《大教授 小科普》与孩子们的小互动

生命科学

闭上眼睛想一想细胞或者DNA的样子,然后画出你想象中它们的模样吧。

宇宙科学

翻开书找到太阳系,画一幅太阳系的图画吧,你也可以在太阳系中添加上你喜欢的东西。

动物科学

你发现了吗,动物科学的图画都是由剪纸组成的呢。拿起你的小剪刀,选几张好看的彩纸,你也剪贴一幅海洋或者草原的图画吧。

地质科学

这一套系的插图都是用黏土捏的呢,选一页你最爱的,用你手中的橡皮泥捏一捏吧。让我猜一猜,你捏的是不是火山?